Mur Mur Lab

THE FUTURE STORE

未来商店

夏慕蓉 李智 著

中国建筑工业出版社

我们为什么要做“未来商店”

查阅过往的文字，我们最早提出“未来商店”的概念是在2017年初，“小春日和铺”的设计中。小店在当年年底就被拆除了，这个概念却独自走过四年，愈发鲜活起来。

四年前，我们其实无比希望造个房子，来实现自己建筑师的身份认同。现在已经没有这些执念了。造房子和建筑学其实没什么关系，那种端着身子，咬着牙的建筑学和我也没什么关系了。更让人沮丧的是，“当今，我们可能已经找不到一个促使建筑学继续前行的确凿使命了”。总有人问我，为什么转去做“未来商店”？这能有什么为什么呢，总得先活下来吧。深想一下，建筑和室内虽尺度有异，难度不同，但它们有没有“道德”上的高下之分呢？在我们这里肯定是没有的。我们在意的不是结构的真实，也不是建造的真实，甚至不是这个空间存不存在的真实，而一定是体验的真实。

人们不靠建筑学改变世界。我们的工作致力于让建筑学回归日常，走向大众。

四年前，“未来商店”尚且新奇，现在已经在我们身边陆续开花了。安迪·沃霍尔曾预言：“在未来，商店即博物馆。”现在看来，它也可能是洞穴，花园，阳台，剧场……但不论如何类比，所有形式只是一种比喻，这背后相通的，是诗性、自然，是永恒的生活和美。

我们一直说，建筑学只有回归大众才能获得根本上源源不断的生命力。但这个“大众”是谁呢？就是去喝杯咖啡的情侣，去买束花的阿姨，周末带孩子看个展览的妈妈，就是我们日日常见的身边人。

建筑学也应为他们而存在。

李智

2021.2

目录

SUPERMON

EY THEATER

猩猩剧场

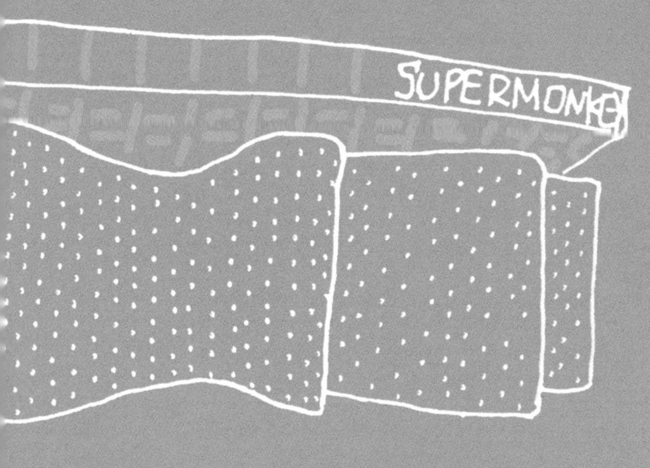

2018，春

滤过的光线最美

有情感的空间最动人

创造日常的惊喜，点亮每日平常中的一点火花，是我们和猩猩团队的共识。在此之上，独立的思考和健康的身体同样重要。

S = Samoon（夏慕蓉）

瓜 = 瓜瓜（超级猩猩创始人）

关于商业和艺术

S 你怎么理解Mur Mur Lab实践中提出的“未来商店”这个概念？

瓜 对我来说，“未来商店”这个概念更多是一个基于运营的概念。我觉得设计不能脱离运营去讲。

S 我去翻了下大众点评，发现去猩猩这家“城市剧场”特殊门店的用户，对这个三年前的设计还是很喜爱。这一点倒是很好，让我觉得设计师的努力有助力到商业的部分。

S 那么这家特殊门店的使用体验和顾客反馈如何？

TM 我觉得使用者普遍对水面、仙鹤、雾气和白色调很喜欢。不过这种对空间氛围的新鲜感会随着到来的次数逐渐削弱，有黏性和加深用户体验的因素更多会来自猩猩的课程本身。

S 你对Mur Mur Lab在实践中体现的艺术性怎么看？ 你觉得它对商业有助力吗?

TM 我会用马斯洛需求层次理论来理解你的问题。我认为猩猩做的事是在满足基础物质需求之上的一点，所以我认为我们对猩猩的审美定位也是介于基础和艺术之间。Mur Mur的设计是艺术的，艺术是满足马斯洛需求层次理论中最高的精神需求。 对我来说，艺术和商业是两条并行的线索。你会有自己期待的答案吗?

S 会，但讨论就是开放的。我也赞成你说的，艺术和商业是两件事。就艺术来说，我觉得它本身就是超越现实，面向未来的。

关于“用户体验”这件事，我最近有一个新的观察。以猩猩来说，最重要的是课程产品本身，所有的体验来自所有事件发生的场所，而不是抽象的空间。在这个过程中，设计的艺术性会让商业在受益同时，具有更持续的生命力。

TM 我同意你的观察。下一个阶段，我们也会思考，对猩猩来说，“艺术性”究竟是什么。

SUPERMONKEY

UNIBROWN
SUPERMONKEY

相遇

超级猩猩在找到我们时，刚刚在全国主要城市铺开连锁。

连锁门店的管理模式必然要求高度的标准化，而这个项目因为特殊的时间点、特殊的场地和我们的坚持，有了一点新的可能。猩猩的主理人之一——瓜瓜的观点很有趣。他有建筑学专业的教育背景，创业后却对设计可能带来的价值非常谨慎。他曾问我：真的有人会因为设计而反复来这里吗？在观念的多重撕裂中，设计开始了。

转机

这家特殊的门店，在上海人民广场来福士商场的首层，夹在商业裙房和办公大堂之间，面对一片狭小的景观水面展开。在进入室内前，你先需要跨过这片水面，再从室内的另一侧绕出来，到达一处横向展开的临水平台。

这条“居游”的路径游离于标准化的健身房核心体验之外，正是我们设计的突破点。

类比

我们把它类比为一座“城市剧场”，一个充满仪式感的地方。

水面上凌空架起了一座浅浅的拱桥。雾是进入的起点，隐去细节，若隐若现。桥的终点是一片耀眼的天幕，欢迎进入一个差异的世界。

光是有实体的吗？屋檐下是千盏灯泡和玉砂玻璃挂片，一层金属帷幕在内外的边界上徐徐拉开，在外是驻足的路人和雾中的仙鹤，在内是活力的教练和热情的学员。不知道谁是观众，谁是演员。

SUPER

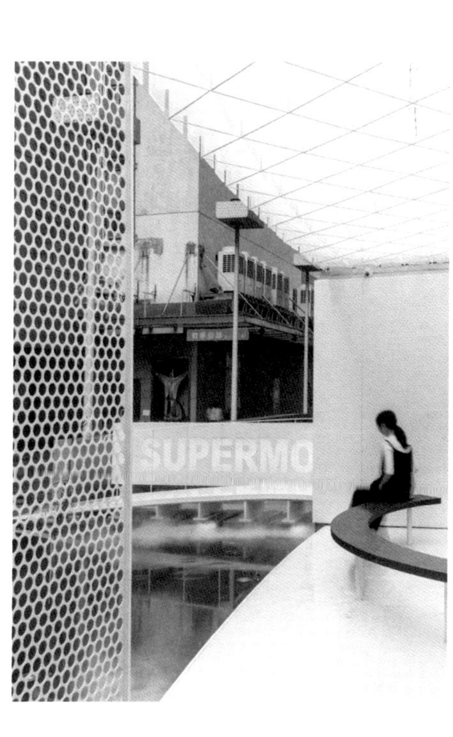
SUPERMO

体验

“你在桥上看风景，看风景的人在别处看你。

明月装饰了你的梦，你装饰了别人的风景。”

滤过的光线最美，有情感的空间最动人。光透过帷幕的穿孔，印在地面和红色休息椅上。可以想象，许多平常的日子就会变得特别。建筑的精神性是真实存在的，它就隐藏在这每日的平常之中。

上海来福士广场

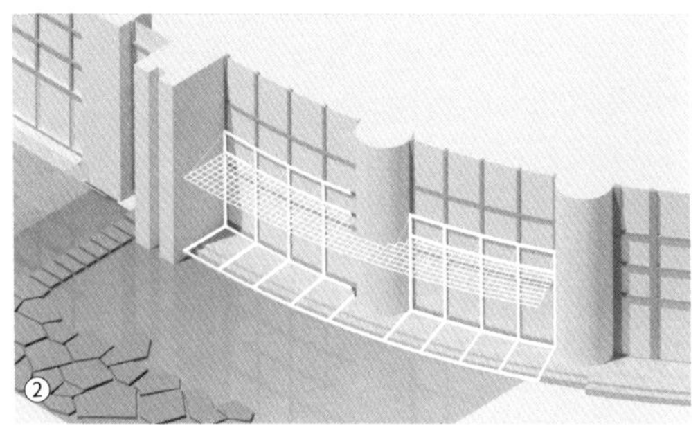

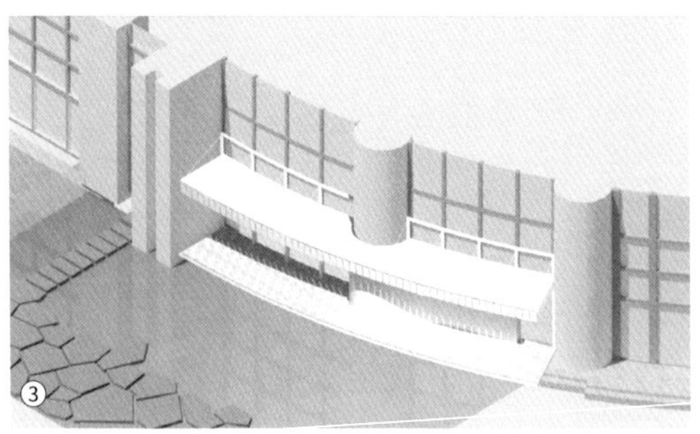

① 原结构 The Original Structure
② 网格梁架 Grid Beam System
③ 覆层 Coating

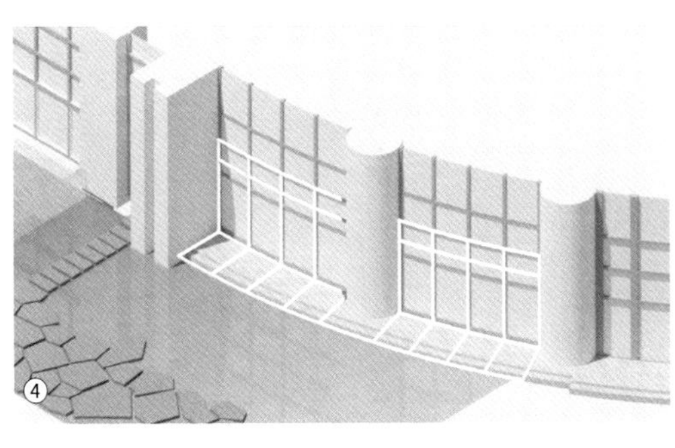

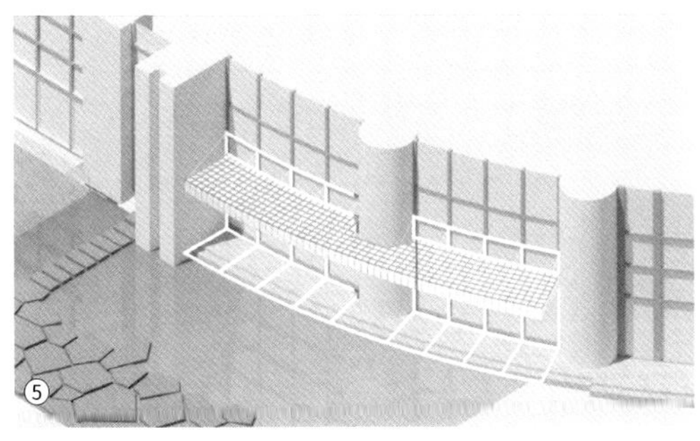

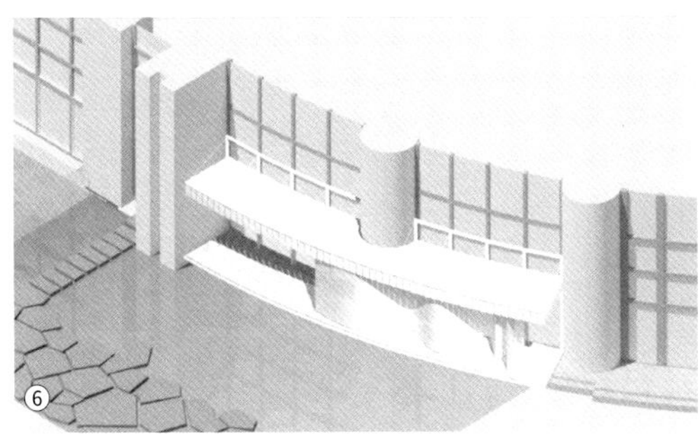

④ 钢结构框架　Steel Frame Work
⑤ 玻璃垂壁　Glass Hanging System
⑥ 帷幕　Curtain Wall

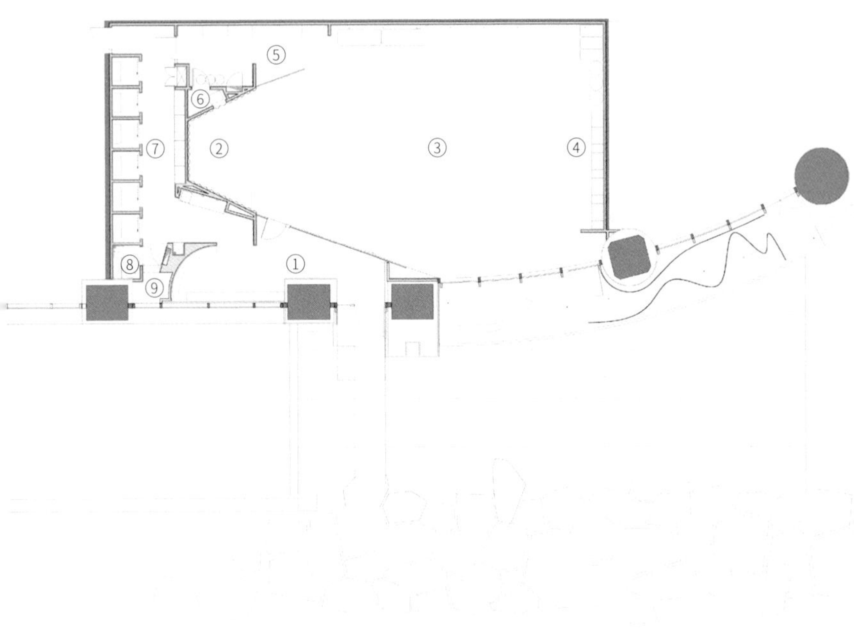

①	休息区	Rest Area
②	操台	Training Station
③	操房	Training Area
④	器械收纳	Instrument
⑤	音控区	Audio Control
⑥	更衣区	Dressing Area
⑦	清洁室	Cleaning Room
⑧	设备间	Equipment Room
⑨	室外休息	Lounge

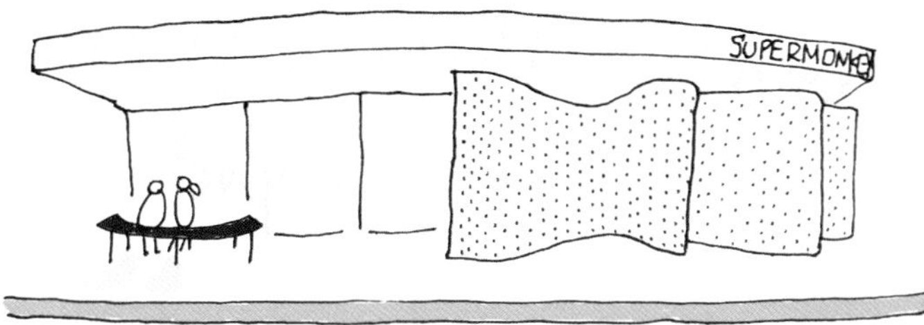

SUPERMONKEY
超级猩猩

设计团队　李智、夏慕蓉、郑雅惠

项目面积　220m²

摄影团队　CreatAR Images

ENCOUNTERE AT Mur Mur

EACH OTHER

ab

我们的工作室
Mur Mur Lab

2018，冬

她和他，相遇在这里

因为没有限制，

所以更加克制。

S = Samoon（夏慕蓉）

L = 李智

关于《未来商店》这本书

L 我们在这里讨论什么？是关于每个设计吗？

S 会回顾一些设计，建成或是未建成的，有些是对业主的回访，有些是过往一些想法的记录。

L 我可以理解为，有些是问答，有些是我们的叙述？

S 对。在问答部分，因为可以互相提问，就没有采访者和采访对象的角色区分。

关于我们的工作室

S 我第一个问题是，搬到这里三年，真实的感觉是怎样的？

L “躲进小楼成一统，管他冬夏与春秋。”你觉得呢？

S 它让我看到建筑学回归日常的可能。可能刚进来不会感受到一个壮阔的景象，这就是一个很日常的设计。

L 因为没有限制，所以更加克制。不必用一些抓人的东西获得认可，也就自然放松下来了。

从家到工作室

上海市常熟路165号，是工作室待了三年的家。

家，是许多亲密个体共同成长的地方。空间为人，它需要的不是一个华丽的外表，而是温暖的内核。

它承载日常，又无关居住；追求典雅，但也无需过多细节。恰如其分，就是对它的全部期许了。

许多事情的发生无法预设，自然而然。就像Mur Mur Lab的开始。

日常的建筑学

诗意的日常，日常的建筑学，在理性之外，可以放松很多。

偶得的灵感随意生发。一天到施工现场，慕蓉保留了一面拆除后斑驳的旧墙。又一天，我们随手画了个圆，让施工师傅照着加了个天窗，它让阳光在每个午后都能照进室内。有时无所事事地看着地上光斑缓慢地移动，我们一坐就是一下午。

院子真好，窗子真好

几间房中，院子最小，也最“野”。我们留了一小块土，种上串钱柳、铁线蕨和爬山虎，现在已经爬满了半个墙面。

在这里，日常和诗性如空气一样弥漫，汇聚成自然的调色盘。

她说：“这样的每一天就很好。”

他说：“要继续相信建筑学的力量。”

在日日夜夜的时间流转中，生活里的每一个碎片，都是让人停下来的理由。但这并非无来由的安宁，而是每时每刻不断争取的自在。

这暗流涌动下的宁静啊。

mür mür

PAINT
MODEL
MATERIAL BOOK

刚刚建成的Mur Mur Lab与现在的Mur Mur Lab

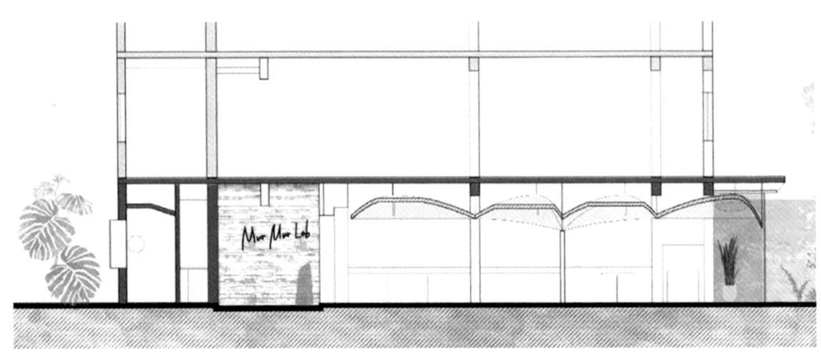

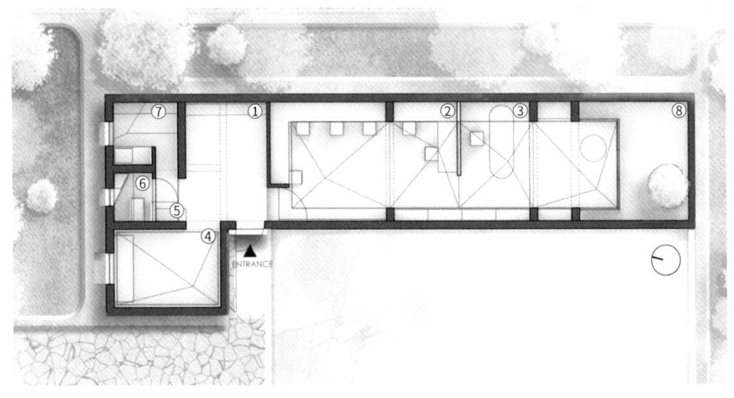

① Mur Mur　Show Room
② 工作室　Office
③ 一人读书处　Reading
④ 一人画画处　Drawing
⑤ 储物间　Storage Room
⑥ 卫生间　Washing Room
⑦ 茶水间　Catering Room
⑧ 院子　Garden

Mur Mur Lab
会客厅

设计团队　李智、夏慕蓉、杨玫、郑雅惠

项目面积　75m²

摄影　Hozwee、四月

TWELVE-LINI
IN SPACE

POEM HIDDEN

藏在空间里的十二行诗

2019，春

花的知觉，诗的空间

Joyce找到我，想为BY JOVE在杭州的花店设计一个特别的空间。她喜爱永生花，也喜爱和生活相关的一切美好事物。

这是一个从局部出发的设计。我们仅仅尝试描述每个场景的感受：纱帘滤过光线是怎样特别的白？深蓝的夜空会不会洒下柔和的星光？雨滴落下的瞬间能不能被捕捉？这些感受，在它们被锚固于场地之前，就已经先于理性存在了。在这里，局部之和远大于整体。

S = Samoon（夏慕蓉）

H = 洪人杰（HAS design and research主持建筑师、中泰建筑研究室创始人）

S 好久不见洪老师。作为建筑师同行，我很想听一下您对“未来商店”的看法？

H 看到你们的未来商店，最有趣的在于它没有任何预设。设计是从项目本身的限制中——功能、场所、规模、造价等，生发出各种未来的戏剧性。

S 如果用一个词去形容这些设计，会是哪个？

H 第一感觉：空，空旷的“空”。一个是物理层面的，技术的使用很克制；一个是心理层面的，它们往往像是艺术和人文的结合。

关于设计创作

S 对Mur Mur Lab来说，感受是绝对正确的，它往往是设计的出发点。在您自己的创作过程中，出发点又是什么？

H 当然，感受是很重要的，特别是不以视觉方式直接呈现的时候。感受也不是一个完全向内的动作，它与周边环境息息相关。所以我们每个项目都会做一些基础性的城市研究，讨论与场所之间的关系。在此之外，我们还很关注材料，特别是它的交流性。

S 材料的“交流性”这个词我还是第一次听到。

H 对。比如你们设计的树屋（A Hat on the Tree）中的绳索，就会有走近触碰一下的想法。在你们的弦餐厅（Gennn Restaurant）里，通过触摸，材料的温度、重量、质感这些超出视觉信息的感受，就会传递给我。这些感受也不是固定的，它和时间、气候、季节，甚至我当时的心情都是联系起来的。这种细腻的变化充满生命力。

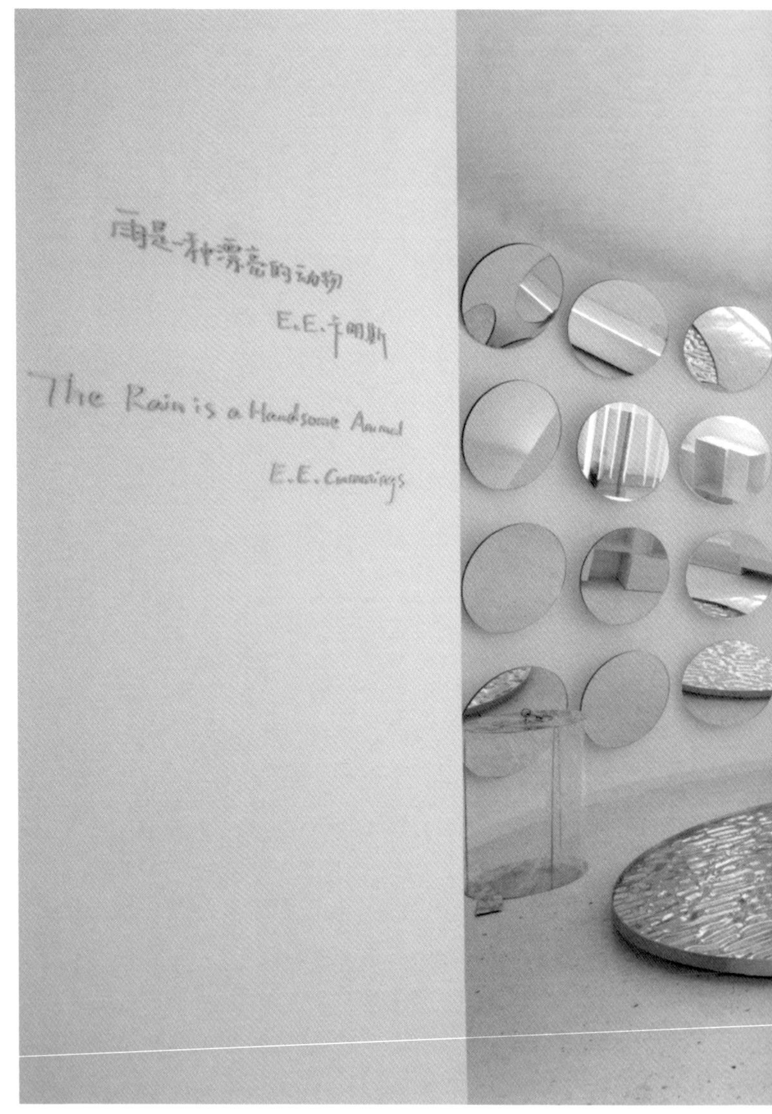
雨是一种漂亮的动物
E.E.卡明斯
The Rain is a Handsome Animal
E.E.Cummings

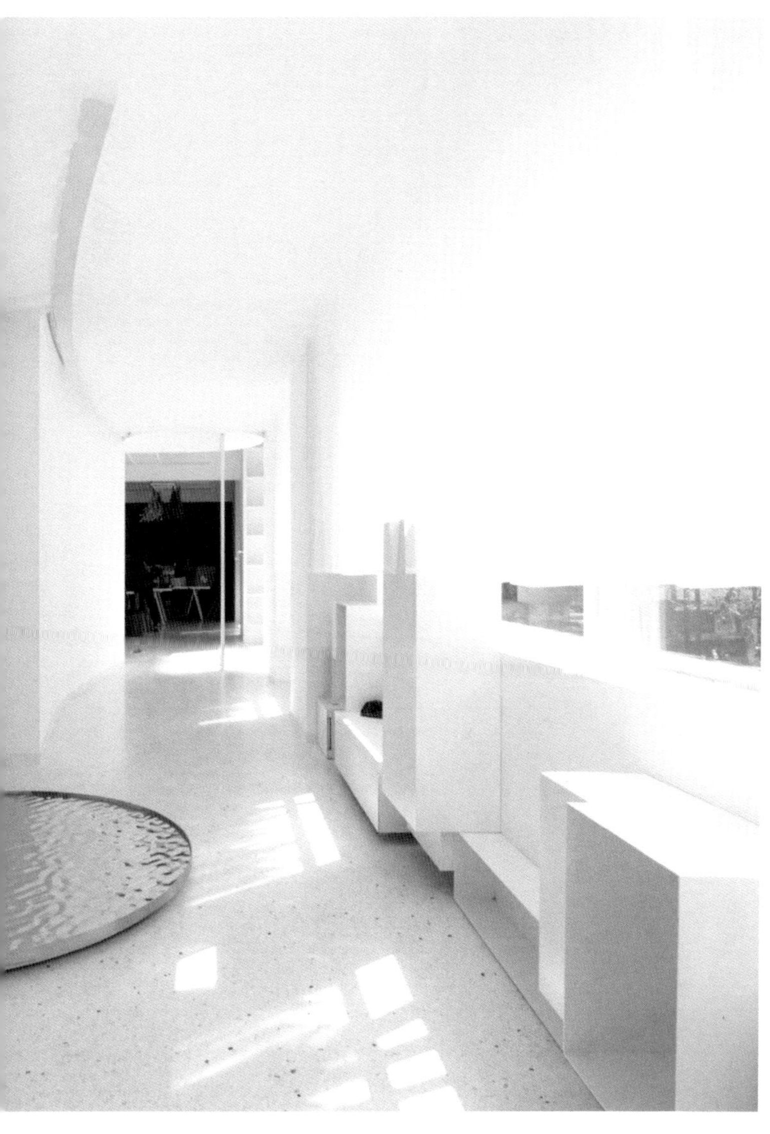

船歌

穿过洞口，好像跌入一个不真实的梦。

边界是层层叠叠的纱。日光滤过，交织的经纬线轻轻落在地上。

曲面收束成一扇窄门，收与放，直与曲。

形如船坞，宛在水中央。

大眼睛

一切源于眼睛，

它是成熟的，独立的，抽象的，

也是我们一直追求的。

花店美术馆

在城市与天空的交际处，
这微微的光模糊了边界。

花是艺术，空间也是。
在未来，
花店也是美术馆。

告别仙人掌

人间不会有单纯的快乐。
告别仙人掌时，希望你还记得走过的白日梦，
来自十二行诗的叙述。

人会成长，也就变老。
还拥有一颗童心值得庆幸，
如果你非常敏锐，就能捕捉的到。

雨是一种漂亮的动物
E.E.卡明斯
The Rain is a Handsome Animal
E.E.Cummings

童心

听见雨落进心底的声音。
轻轻地。

至少，当你仰望这片积雨云，
和几滴雨，
还能庆幸心中尚留一丝余热。
你所热爱的小星球。

克莱茵蓝

形体被切割，再塑造。
色彩，走向浓烈。
从这里开始，进入一个差异的世界。
最初是虚无，
继而是更深的虚无，
虚无的更深远之处，是一片深蓝。

2F
Shop
Academy
1F
Gallery
Cafe

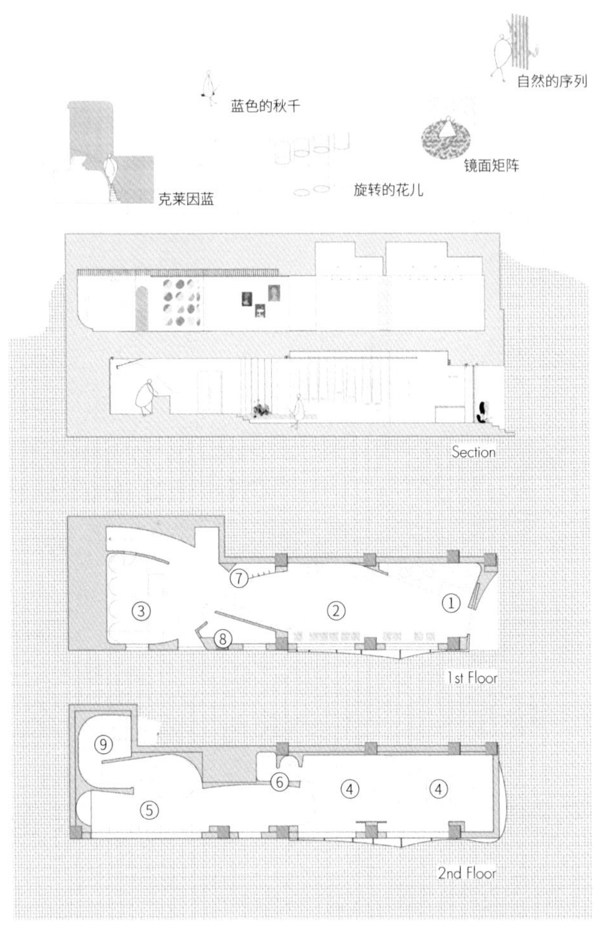

①	花艺台	Floral Table	⑥	卫生间	Wash Room
②	展厅	Gallery	⑦	橱窗	Display
③	咖啡吧台	Coffee Bar	⑧	仓库	Storage
④	教室	Academy	⑨	楼梯间	Staircase
⑤	家居陈列区	Home Display			

BY JOVE
花店

设计团队　夏慕蓉、李智、李信良、郑雅惠
项目面积　300m²
摄影团队　刘洋、含之

A CAFE IN THE

“LAMB’S BELLY”

一间“羊肚子”里的咖啡馆

2019，初夏

baa baa Blacksheep,
have you any wool?

Blacksheep Espresso的咖啡出品在业内受很多人的喜爱。

不同于大多数街边商业开敞的姿态，黑羊的空间形象却带着明确的抵抗。封闭的界面映射出城市日夜的斑斓，而内心都被仔细隐藏。就像黑羊的释义，特立独行，独立自我。

S = Samoon（夏慕蓉）

J = 纪师傅（Blacksheep Espresso&啟程拓殖联合创始人、烘焙师）

关于未来商店

S 当看到“未来商店”的概念时，你会有什么想象？

J 我会觉得，可能是用到一些超前的概念，或是非日常的元素去定义一个商业空间。

S 所以“未来商店”在你熟悉的城市区域中是特别的，还是普遍的？

J 我看到你们做了许多这样的设计。但“未来商店”和“网红店”还是有区别的吧？

S 这个问题太敏锐了（笑）。未来商店需要具有Social Media Influence（社交媒体影响力）。此外在长久地使用中，经历阳光和雨水的考验，如果人们还会珍惜它持久的品质，它可能就是我理想中的未来商店。这一点，我们应该还没有做到。

关于使用中的黑羊咖啡

S 使用反馈怎么样？

J 弧线还是很美，但有一点忽略了与人的沟通问题。

S 怎么理解？

J 太合理、太干净的空间呈现会给人一种距离感。比如我们的吧台，布局上看很完美，但它把咖啡师局限在了一个狭窄的空间里，有点限制他们和客人的交流。

S 如果现在再改，你会怎么要求？

J 会再考虑一个客人能一起参与的使用方式。但这比较依赖日常运营者的深度参与，可能是比较琐碎的，今天加一点，明天改一点。这种过于生活化的场景，可能和设计师想要呈现的整体性是矛盾的。

咖啡核

咖啡出品一直是黑羊的内核，就像建筑学是我们的内核。为了保证生豆的出品质量，黑羊深入非洲农庄获取第一手豆源，并以产地的农场来命名。

所以即便是只有30m²的邻里小店，留给咖啡制作的区域也必须很充分。它首先会是一个给咖啡的场所，其次才是人。我们将操作区集中成房间中的另一个房间，一个咖啡“盒”。

身体性

空间极小，顺应这样的感受，我们希望创造一个安定的，被庇护的体验。

一段曲面缓缓地向上收束，包裹着身体。它在流线的端头汇聚成一个向心的穹窿，是一处几人围坐的“雪屋”。光流似水，顺着曲面流淌，衬出空间最美的形态。

墙壁就像一件衣服。衣服紧紧地贴着你的身体，但你从不会觉得它拥挤。

未完成

讨论的过程中，出现过一稿我们都很惊喜的设计，它的形象真的就是一只小羊。我们毫不排斥“像什么”这种生活化的比喻，建筑学也不必正襟危坐，永远在很高很远的地方。

设计过程中的一次惊喜

BLACK

爱克伦（中
AKRON(CHIN

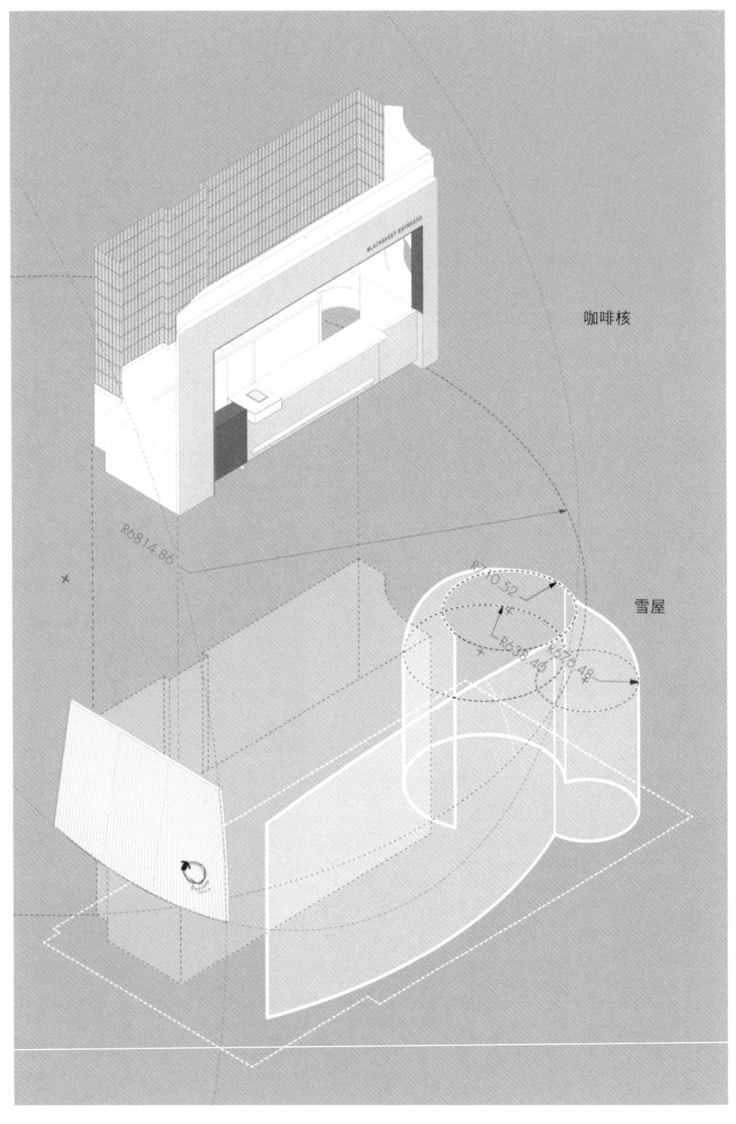
BLACKSHEEP ESPRESSO
咖啡核
R6814.86
R710.52
R638.40
R676.48
雪屋

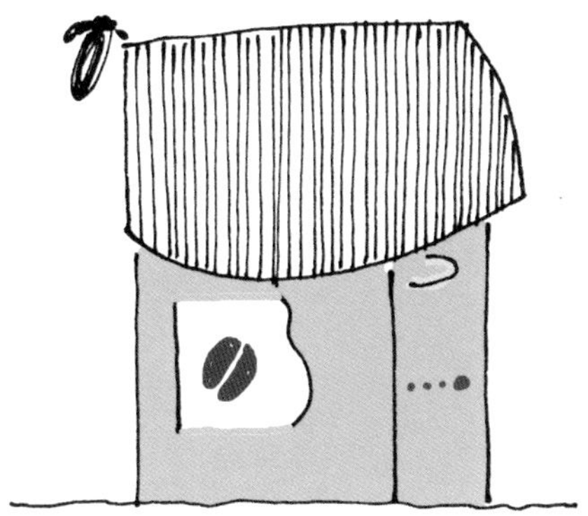

BLACKSHEEP ESPRESSO
黑羊咖啡

设计团队　夏慕蓉、李智、李信良、杨玫、张垚垚

项目面积　40m²

摄影团队　三少、含之

FLUTTER

NG BOOK

翻羽飞的书卷

2019，夏

我们活过的刹那
前后皆是暗夜

提起书店，脑海中的形象立刻滑向两个极端。一端停在旧图书馆高耸的阅读厅、发霉的纸张味和连排的书架前，像是一座书籍的坟墓；一端去往商业中心，那些熙熙攘攘，时尚杂糅的“新消费”圣地。它们端庄肃穆，向往昔致敬；它们光怪陆离，拥抱现在的时代。那未来呢？

如果有一处面向未来的书店，它应该呈现怎样的品质？

在江苏常熟古里，一个江南水乡，我们得到一个可贵的机会。

G = 李果汁（编辑、书迷）

J = Jason（选书师、图书总监）

你认为什么是理想的“未来书店”？

G 好的空间能为书店增色，又不和书抢夺注意力。更好的空间，能提供关于书的自由想象。

我理想中的未来书店是有包裹感、沉浸式体验的小空间，或是一个个连贯的小空间，像洞穴，又要兼顾白天的采光和通风。我在你们设计的“城市洞穴”（Practice in City 城市修行馆）中，看到了理想书店的一个面向。

J 我理解的“未来书店”，是书店外部与内部的“未来共同化”。首先实体书店需要外部的物理空间来承载。这世上没有建筑是永恒不变的，“保护”实际上是人的干预活动，在面对自然和历史的洪流中，这是徒劳的。保护建筑的目的不是复原，而是持续生长，继而创变成新的物理空间。但内部的未来化也同等重要，我憧憬的阅读是可以被立体化呈现和结合虚实体验的，是人与书与空间的完美交互。

你最喜欢的一家书店，请举一个它的细节之处吧!

G 南京先锋书店像书的海洋，但不会让人迷失。喜欢它十字架下的坡道和下沉区域，按出版品牌分类的书台错落布置。对整个书店来说，这是个过渡地带，往前看有更开阔的空间，往下缓缓走也不单调，抬头是通高处的十字架，有种不饰雕琢、恰到好处的庄严感。

J 我喜欢的书店非常多，我本身就是一个完全地拥抱世界的未来人。其中“九分之一书店”是很特别的一个。它开在苏州双塔市集传统社区的创意书店，依靠互联网科技让阅读和展览24小时不间断。在传统和现代的碰撞中，同时产生了魔幻化、人性化和未来感的体验。

推荐两本你喜欢的，和建筑、空间有关书吧。

G 《中国建筑 · 自然组曲》：这本书是给小朋友看的《我的家在紫禁城》系列中的一册。这套书都很可爱，从微小处发端，极富细细讲解的耐心。这本最是清逸，从石头、泥土、树木与人，讲中国建筑的元素。讲建筑、自然与人之间的关系，很美。

《旅鼠》：日本建筑师、作家中村好文的随笔集，非常好看，行文圆润、自恰。

J 《建筑氛围》，作者彼得·卒姆托是我非常喜欢的建筑师，作为选书师，在选到这本书的时候我汲取到了非常多的养分。物理空间在他的笔下被赋予人的感知，他把音乐的旋律比作人在建筑中的活动感知与变化。我想，书籍在书架中与空间里又何尝不是。

《纸建筑——建筑师能为社会做什么》，坂茂用二十多年积累的纸材料进行建筑实践，探索了这一独特材质的可能性，并且将它应用到了被自然灾害波及的无家可归的灾民中，充分体现了建筑师的社会责任。“事实证明，纸建筑不仅可以防水防火，甚至比钢筋混凝土的房子还要牢固，这份牢固靠的不仅仅是材料，更是人心。”

未定

凡种过往，皆为序曲。站在未来的坐标系，所有事物，皆未完成。

植物的完成，是开花、结籽、萌芽，还是所有的一切都重新腐化成肥？完成的概念，了无根本。宏大、不朽与壮丽，这些美的典范可能只是事物的一面。与之相对，我们选择从微小的想象出发。与永恒无涉，只是对片段的捕捉。事物微妙易逝，寻常之眼，无从捕捉，就像我们曾说“一切源于眼睛”。时间会填满一切，“未来”存在于留白之处。

所以，未来书店关注的是未定的留白。它的竣工不是完结。在既定的框架中，无数可能亟待发生。

类比

未来书店藏在一片水镇民居之中，不远处就是有两百年历史的铁琴铜剑楼，它是清代四大私家藏书楼之一。特殊的场所一下唤起了记忆中那些模糊的空间经验：南京城南、旧屋以及秦状元巷里的小时候，这些成为设计中最重要的类比物。我们没有什么新的创造，想象力总是被已有的经验触发。

旧房檐之下,藏着另一座“新屋顶”。它们共享相似的形式逻辑——屋脊、内外檐口与清晰的双坡体。又陌生化，新屋顶与窗外的河道共通一种自由的曲线。屋檐上下翻飞，有时作为洞口，有时作为屏障。

屋檐内外，模糊地连在一起，仅隔着一层纱。

容器

书店是书的容器，还是人的容器? 在未来，它们不再分明。

流线把书和人绕在一起。可能这里没有书,获取知识的方式从实体阵地转向更多元的信息媒介。甚至这里没有人，空间本身便会诉说。

以一种独白式的感知，未来书店代表了一类微小想象的介质，带给人美。

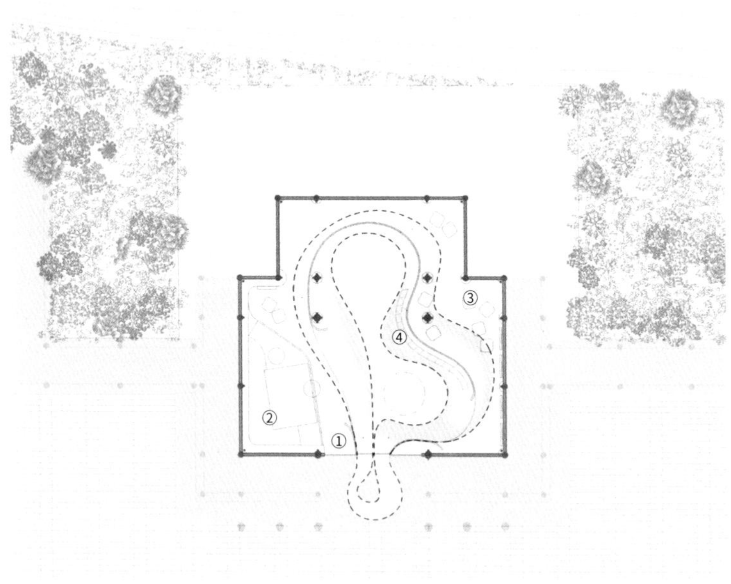

① 入口 Entrance
② 操作区 Operation Zone
③ 座位区 Seating Area
④ 展示架 Display Shelf

内檐口　　屋脊线

外檐口　　最终形成

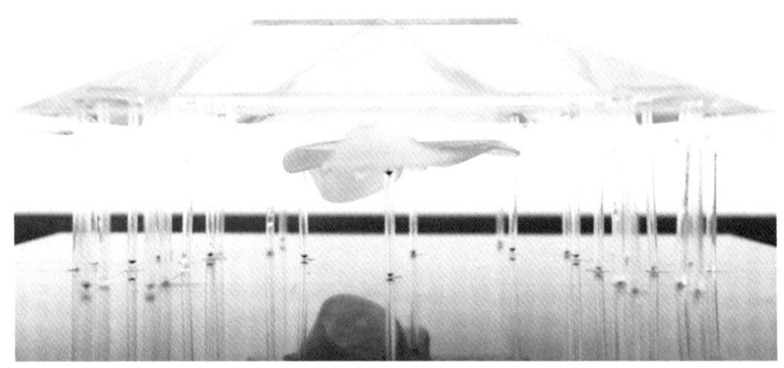

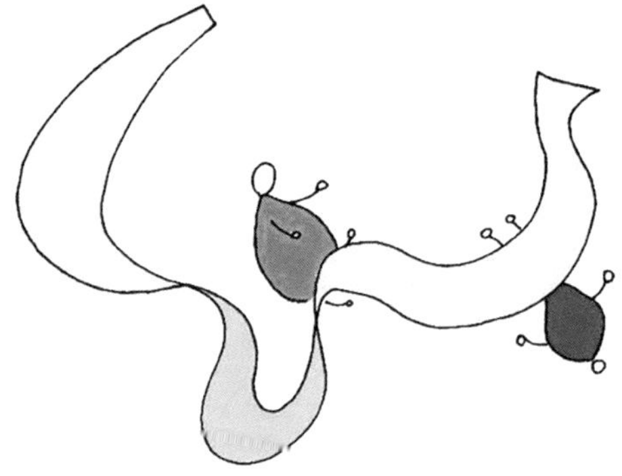

FUTURE BOOKSTORE
未来书店

设计团队　李智、夏慕蓉、李信良、高含之、毛红雨

项目面积　75m²

摄影团队　WDi、含之

CITY CA

/E 城市洞穴

保持敏感，保持发现

朋友说我是一个情绪充沛的人。

“巨富长”算是我熟悉的街区，来上海至今，我的生活、工作基本都在这里。白云很白，天空很蓝，城市是如此的普通。在这里创造“未来商店”这样一个新的场所，是一件让我激动好久的事情。虽然还是会时常受到情绪的困扰，但是要在日常中坚持做那么一点突破想象的事，这点我依然确信。

一年多的时间，经历了选址变迁、人员更替、疫情停工，每个参与者都会更加诚实地面对自己，如同这个最后真实展现的、并不完美的结果。

现在走在巨鹿路，会有一种更熟悉的安定感。这恐怕也会成为我们历时最长的一个“未来商店”。

慕蓉

——《城市洞穴》

S = Samoon（夏慕蓉）

J = Josh（KnowYourself合伙人）

关于未来商店

J 我想知道你为什么会把自己的作品叫作“未来商店”？

S 其实很想叫它“未来商业”（笑），但我做的明显没有那么厉害。

J 我觉得商店，是在兜售一种幻想。对城市修行馆（Practice in City）这个空间来说，它改变的是传统商店兜售的内容——通过身体和心理的训练，顾客可以收获一种更加平衡、关照自我的生活方式。我们很希望生活在城市里的中国人，有关于生活的更多的想象力和选择性。

S 这也是我们称它“未来商店”的初衷。和我们其他项目一样，形式不是预设的目标，而是基于这些新模式思考的结果。

关于设计的修行

S 在合作过程中，我们之间会有冲突吗?

J 哈哈，当然没有冲突，但互相还是不够了解。如果这场聊天能提前到设计开始时，会更好一些。

S 对设计有什么不满之处吗（笑）?

J 噢！我有一个很后悔的地方，可能是我们想要的东西太多了。功能塞得太满，视觉上的要素也太多。比如会客这个场景，它是洞穴的意向，又有树的造型，同时还有水波纹的金属板，其实可以做得更简单一点，对吗?

S 对的，可能还是缺一点笃定。你越知道这个空间要干嘛，就越知道它应该是怎么样，多余的东西就都会去掉。

“天空很蓝，白云很白，城市是如此的普通。”

在这条熟悉的街道，出现了一个“洞穴”。

Practice in City 城市修行馆是心理咨询类公众号，

KnowYourself 是位于上海巨鹿路的首个“未来商店”。

情绪的流线

就像所有老城中心的建筑，我们的场地并不宽松，却异常丰富。它位于一栋楼的二层和四层，并不连续。从二层的落地窗看出去是繁忙的巨鹿路，它是一条宜人的步行街道。四层的高度则正好越过周边老房的屋顶，目力所及是一片干净的绿意。二层和四层通过一座封闭的楼梯相连。

城市修行馆以不同大小的独立房间进行运营。三间操房、一间VIP室、一间会客厅，空间被挤得满满当当，仅留下一些缝隙。它们既是交通，也是有限的公共空间。窗外的绿色和光影，穿过洞口和缝隙，澎湃地涌入室内。这里有一条隐性的情绪流线——向上、向内、向光，悬隔日常，认知自我。

光没有形式，当它穿过建筑，就成为一件艺术品。我们热爱自然光线的灵动，也慢慢理解如何控制稳定的人工照明，它们像是给空间多了一重关于永恒的隐喻。

洞穴和身体

KY的创始人说，一个安全的房间让她想到“母体”。我们把它留给了最小的VIP室，它是“洞穴”这个意向最为直接和质朴的演绎。对身体，“母体”是呵护与包裹；对空间，洞穴是最原始的庇护所。两者天然关联。

VIP室处于二层的一角，也是最难用的角落。房间窄长且低矮，中心还有一根大柱子。这些困难之处恰是设计最重要的线索。空间很矮，我们就再设置一级台阶，你会下意识地弯腰，迅速坐下。中心的柱子不能取消，就干脆放大，当你侧着避开或是依靠着它，都是关于身体的一次互动。

收到使用中的反馈，这里正以我们设想的方式被感知和使用。这令人振奋。建筑学不再自说自话，它正以一种可以被理解的方式回归日常。

几何和自然

我们认为，自然是建筑物的天然属性，对空间概念原始的认知大多来源于对自然的观想。几何是规则，它帮助我们找到一条可期的道路，从自然中抽象而来，又回到自然的体验中去。对“洞穴”的叙事是我们在不同项目中很喜欢采用的一个母题，也许其实我们总是在做同一个设计，只是在不同的情境中训练提升自己的技能。

我们喜欢这重隐喻，幽深地藏着不与人说的秘密。在时空的更迭中，变和不变都在一线间。

“天空很蓝，白云很白，

城市是如此的普通。”

这个10月，在我熟悉的街道，出现了一个洞穴。

未建成的洞穴

Practice in city
by
know
yourself
PASS RESIDENCE

Practice
in city

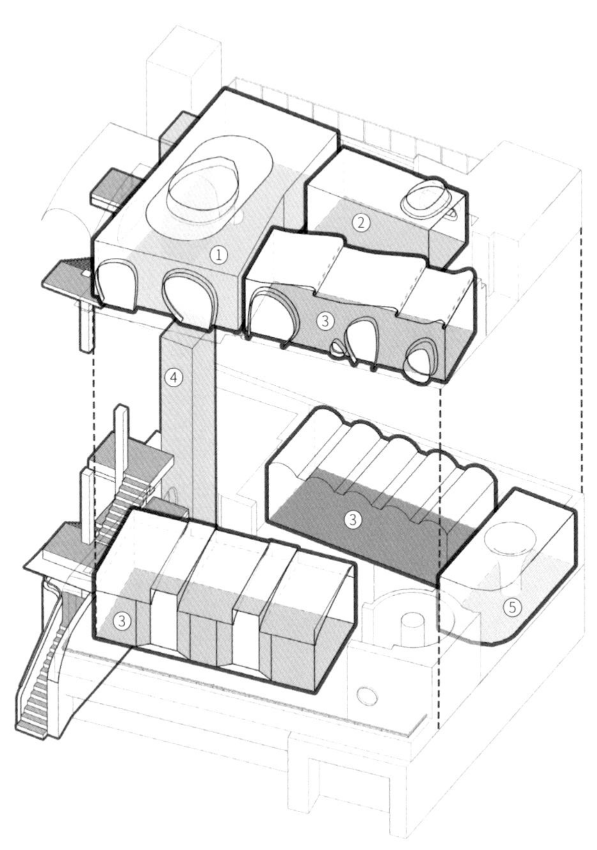

① 公共活动区 Activity Area
② 接待室 Reception Area
③ 瑜伽室 Yoga Room
④ 电梯 Elevator
⑤ VIP 室 VIP Zone

KNOWYOURSELF
城市修行馆

设计团队　夏慕蓉、李智、郑琴、杨育杭、黄林西

照明设计　J Studio 景照明

项目面积　400m²

摄影团队　WDi、含之

TOUCHIN

STORE

通感空间

2019，冬

时间永久自我更新
它不拘空间的羁绊

认识高高的时候，我还不知道该开始干点什么，她已经开始了由心的事业。现在由心.Touching门店落地，高高也已经初为人母，变得温柔了许多。

因为业主对结构安全的顾虑，这个设计中途经历过一次彻底的推翻重来。之前设想的辽阔天幕没能实现，但是好在，坐在起伏的地台上仰望，依然有起伏的心潮相伴。

在先生的陪伴下，由心好像有了更不可限量的活力。而我现在所做的事，兜兜转转依然逃不过写作、画画、设计、策展。就像成长永远逃不过时间的宿命。在自我更新中，不惧看见的羁绊，永恒地指向未来。

时间流动中，我们脱离沉闷的日常惯例。“此时此刻”，由心迈向永不停滞的生活。

慕蓉

——《冬季恋歌》

S = Samoon（夏慕蓉）

C = 查尔斯（李孟聪，由心咖啡合伙人）

关于未来商店

C 我一直想请你解说一下，什么是"未来商店"？

S 是直觉，我相信因为商店模式的变化，在未来，商店空间的呈现也会区别于现在。

C 你一直在抓这个概念，希望做一些有趣的事。我看过你们其他的作品，有点像是传统商店通过空间赋能有了新的定义。这个概念很有趣，但我一直想问，你怎么对它未来的方向做出判断？

S 未来的商店在功能上一定是越来越模糊的。它不会是单一的业态，而更像一个开放的框架，加上不断更新迭代的填充物。比如咖啡馆，不仅卖咖啡，现在展览、零售，或者workshop都可以填充进去，晚上它可能还是一间酒吧。对应这样的变化，空间的呈现也会是去类型化的。

C 怎么理解"去类型化"？

S 简单地说，就是我们不再讨论“像不像”这个问题。它像不像一个咖啡馆？它像不像一个展厅？这些都不重要。形式不再追随功能，因为功能是复合的，是不断变化的。相反，形式是先于功能的，它本身就可以成为一个有记忆点的“标志物”。所以，去类型化也是强形式化。在这个过程中，设计就变得更有价值。

C 设计的价值是隐性的。比起商业销售，在这个空间里，更重要的是整个消费过程中的体验。而这是设计师和业主共同创造出来的。

S 我们的设计往往开始于对自然现象的观想，但我们不会将它们与具体的形式语言直接联系起来。设计师的创作概念可能是很自我的，作为旁观者，我很想知道，你的感受是什么？

C 我对这个空间的感受是随着它的建造一步步不断加深的，倒不能一下子建立这种比较宏观的理解。你说的创作概念，我觉得更多的是属于你们自己（笑）。

S 使用中会有一些意料之外的东西出现吗？

C 当然，越用越新。你一开始把过去的惯例带进来，发现并不适用，于是空间反过来刺激你不得不去调整。在这个慢慢磨合的过程中，空间与人会持续互动。这个过程可能与设计师想的方式也不一样，你会介意这样的偏差吗？

S 不会，我觉得这样是最好的状态。

BROWN

时间永远自我更新。

它不惧空间羁绊，

再造想象的疆域与视野的宽度，

永恒地指向未来。

在时间的流动中，

我们脱离沉闷的日常惯例，

涤荡心灵，回归“此时此刻”，

由心迈向永不停滞的生活。

Touching是由心咖啡

位于上海新天地无限极大厦的新店。

时间的眼睛

虽然几经易稿,但中心处仅容纳一人的站立区一直没变。像是纪念碑，围绕着它，周边的一切才变得有意义。

未来,在这个一平方米的房间中,将有持续更新的艺术展览。我们时常想象，透过褶皱如同纱幔的帷幕，看到若隐若现的人群，蔓延的台地与窗外的绿意相伴。热闹都是他们的，如处山巅。

自然

这是一处城市中的自然地形。

起伏的地形定义不同的身体体验:或坐或站,或群聚或独处,每个人都可以在这里找到最舒服的姿势。所以这是一个与身体紧密关联的设计:以尺度、形态、色彩和光线为引，空间影响身体的感受，进而影响你的情绪体验。

这也是一个与自然紧密关联的设计。每一处严谨的几何关系背后,都有对自然的观想。可能是山谷，可能是星光，可能是雾霭，我们不会将它们与具体的形式语言一一对应（那样只会破坏美好的想象），但身处其中，已不需多言。

它从自然中抽象而来，又回到自然的体验中去。

通感体验

鲸鱼马戏团为这个空间特别创作了音乐的部分,我们在“山谷”中栽下一棵银杏树，配上由心秋日暖暖的榛果咖啡。

我窝在树下的沙发里，看着叶子被风（实际上是写字楼里的空调风）吹动，听着沙沙的白噪音和偶然想起的风铃声。窗外还是一簇绿色，室内已是一片金黄。咖啡的温度传递到我手中，香气扑鼻。感官被联系在一起，又变得模糊，共同构成这一次通感的体验。

我相信：感受，绝对正确。

过程中的一稿

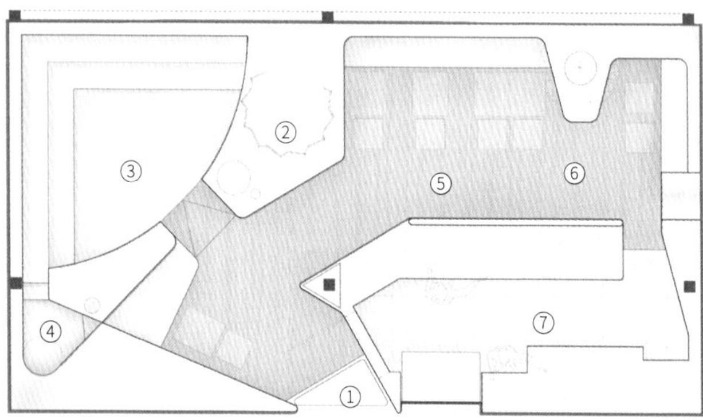

① 入口 Entrance
② 展示区 Exhibition
③ 扇形区 Community
④ 休闲区 Leisure Zone
⑤ 商务区 Business
⑥ 吧台区 Bar
⑦ 操作区 Operating Zone

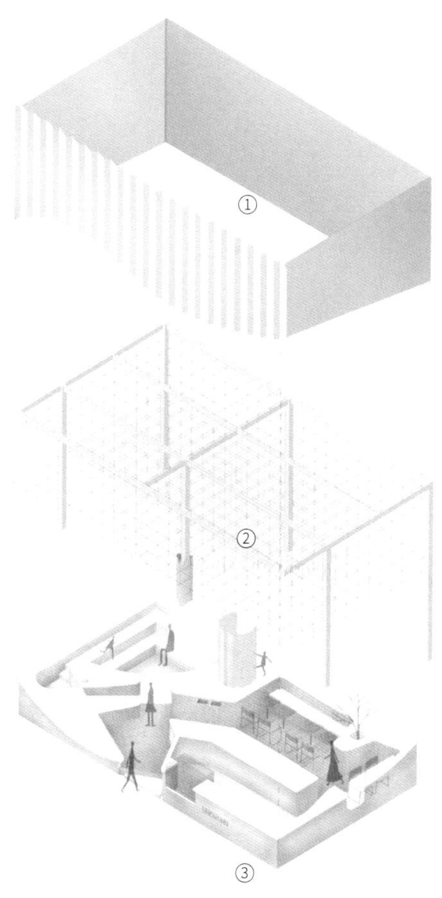

① 帷幕　Curtain
② 结构　Structure
③ 地形　Topography

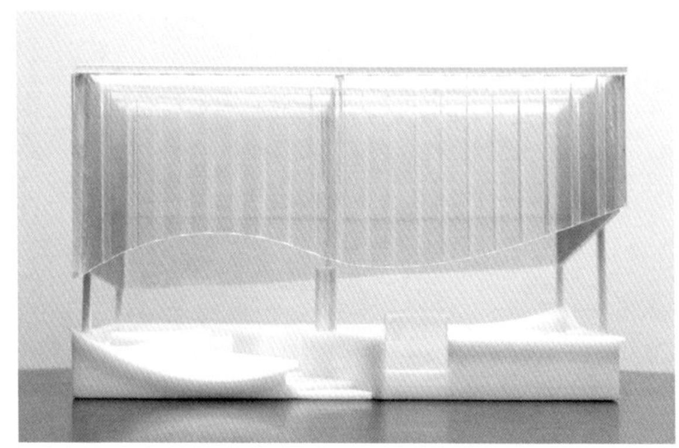

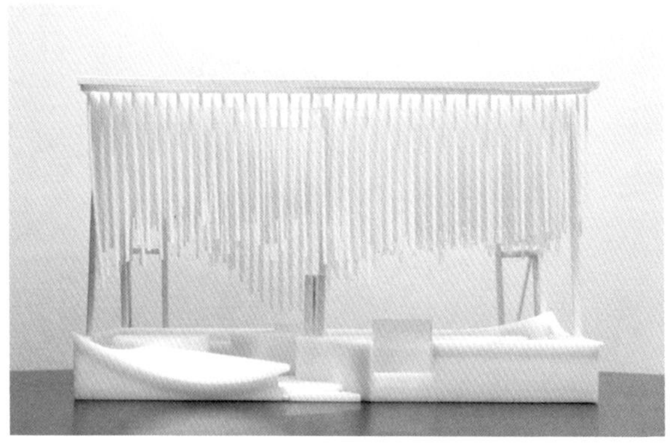

UNIBROWN COFFEE
由心咖啡 · 上海

设计团队　夏慕蓉、李智、高含之、郑琴

项目面积　60m²

摄影团队　WDi、含之

WIDE HO

USE

空房子

2021.1

南方，南方

成长，是一个特别美好的话题。

五年时间，由心从第一家上海本地写字楼里的咖啡品牌，已经成长到入驻深圳最高楼之一的汉京中心，她们的成功显而易见。对于我们，五年好像也没有太多变化，依旧是艰难而缓慢地向前。建筑真是一个不好做的行当。它太“笨”了，好像一只大象，注定站不到风口上。在这里，我可没有任何欲扬先抑的伏笔，或是“虽然……但是……”的折转，建筑真是一个不好做的行当！

这是我们为由心设计的第二家门店。窗外的植物变了，南国的阳光变了，设计也完全不一样了。我不相信有什么地域主义，但每一个房子都必须建造在一个特定的场地，这也是毋庸置疑的。完工后，我看到一张摆满绿植的室内照片，阳光照进来，感觉就是和在上海不一样。所以有时不用刻意去考虑地域这件事，那里的山，水，日光早就做了安排，顺其自然就好。

这些日常的小触动是我化解“建筑之苦”的良药。毕竟无趣和痛苦可能才是建筑人生的主旋律。

李智，2021.1

——《南国的空间》

S = Samoon（夏慕蓉）

C = 查尔斯（李孟聪，由心咖啡合伙人）

S 从上海到深圳，你觉得这两家“未来商店”在体验上有什么不一样？

C 都有自然叙事的概念，上海的店是坐进来后，由内向外看，逐步去感受。

而深圳的店是由外向内看，在店外的时候就可以感受到山海石。

S 第二次合作，你觉得双方在哪些方面各自有了进步？

C 由心经过了第一个案子后，对于自然叙事的概念是熟悉的，更能够把咖啡馆的各种功能，确实地落实在空间。我们也感受到了Mur Mur Lab，在深圳店这个空间设计中容纳了更多的可能性。

S 如果让你用三个词来形容Mur Mur Lab的“未来商店”，你能想到哪三个？

C 自然、探索、安静。

地形

由心咖啡新的选址在深圳汉京中心三楼公共空间的一侧。东南转角的落地窗朝向深南大道，越过树梢可以远远看到滨海城市天际线。

“走向自然叙事的空间”是我们设计实践中贯穿始终的主题。设计虽几经易稿，但都围绕它展开。

起伏的地形在天顶和地面间水平展开。它们或是对边界的限定，或是对行为的提示。而在天地之间，是涌入室内的光线和绵延的城市景观。我们尽力克制自己的设计欲望，以留白应对变化，最终希望它成为一处无用之“用”，不空之“空”的精神场所。而这里膜拜的精神图腾，正是在体验中被再现的自然。

它从自然中抽象而来，最终又回到自然的体验中去。

光洁的大理石地面像平静的湖水，倒映出起伏的地形，它们在内部再次清晰地界定出“内”与“外”的边界。

站在边缘，思考当下。

白月光

一杯敬生活，一杯敬月光。

落地窗前，我们以一轮满月相和。

在建筑学中拾起遗忘许久的生活。家具也不是多余的装饰物，它们组成新的日常风景。

所有形式都只是一种比喻。它们背后相通的，是崇高的精神和永恒的生活。

地域主义

设计之初，我们没有特别考虑未来它会建在哪里。在我的想象中，高层写字楼里的深圳、上海或是北京并没有什么区别。但当南国的日光，透过植物洒进室内，场景一下子就鲜活了起来。就像平庸的布景，淡淡地铺陈上微暖的底色。只看了一眼，我就完全意识到这只能是一个南国的房子。

从“空房子”开始，我们对体验中希望传达的独立思考和审美范式，又多了一层笃定。从小出发，不代表看不到全局，相反可能看到更多。建筑也不仅仅是盖房子。

它关乎人的情绪，生活在这里的发生。

假如他在跳跃的一瞬间具有坚信愿望会实现的心灵力量，他就飞上天空和星星结合在一起了。

——赫尔曼·黑塞

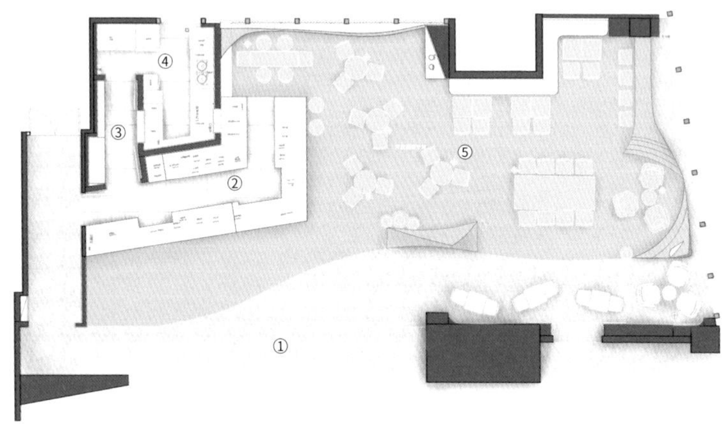

① 入口　Entrance
② 吧台　Bar Counter
③ 开放就餐区　Open Dining Area
④ 储存区　Storage Area
⑤ 厨房　Kitchen

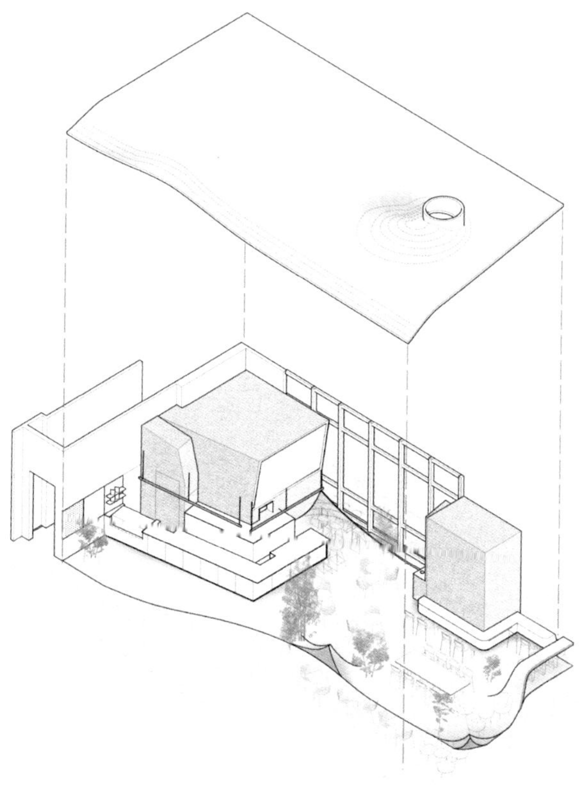

UNIBROWN
由心咖啡·深圳

设计团队　李智、夏慕蓉、郑琴、暴佳英
照明顾问　KXL 可行光造设计
项目面积　160m²
摄影团队　WDi、乐脆星

NARROW

HOUSE

窄房子

2021，春

La cipolla

层层剥开，发现自己

这个小小面包店的生命力完全在于它的两位主理人。推门而入，大师傅（男业主）在制作面包，cissy（女业主）正欢心分享。他们在施工过程中很焦虑，为了工期和细节，经常愁眉不展。开业后却像是换了两个人，我能清晰地读到他们眼神中的幸福和安定。记得关于马蒂斯的一个采访片段：

"Do u believe in Gud?"

"Yes，when I work."

面包店在苏州十全街，距离沧浪亭仅十分钟的步行距离。刚知道这个巧合时，我很兴奋地告诉大师傅，他却从没留意过这个精彩的小园子。后来每次去场地都想再去沧浪亭逛一逛，但那里关门特别早，最后也就放弃了。

沧浪亭和我们的设计有没有关联？那肯定是没有的。如果说园林是中国古人理想中的生活方式，那么对今人来说，这个方式又是什么呢？我回答不了，但可能已经不再是园林了。对大师傅和cissy来说，在这个小店里忙忙碌碌，应该也就离那个理想的方式很接近了。

我期待一段时间后，生活的痕迹让这个小房子再次绽放生命。这些才是鲜活的。

李智

——《飞天大面包》

S = Samoon（夏慕蓉）

C = Cissy（La Cipolla主理人）

S 新店很受欢迎，有什么你意想不到的顾客反馈吗？

C 有一部分顾客会觉得不像苏州的小店，更像在上海甚至香港的兰桂坊。当然也多了一些学设计的同学来打卡。

S 哈哈，这是表扬还是批评？作为业主，你觉得设计有达到你预期的样子吗？还有哪些不足。

C 整体的材质风格和空间感受都是我很喜欢的。当然如果功能性能解决得更好，就更完美了。

S 我理解的功能性可以总结为一句话：精确的物，模糊地用。它需要容纳不同使用方式的可能性。就像建筑，"城市中伟大建筑经久存在，因为它们的形式能够容纳因时间变化而产生的不同功能"。我还有一个问题很好奇，作为一家网红店的主理人，你怎么看当下"网红打卡"的流行文化？

C 我觉得产品（对La Cipolla来说就是我们的面包）是第一位的。可能"网红"也是一个很好的赞美词，但我还是不太能接受。

LA CIPOLLA

十金街
926

LA CIPOLLA
BAKERY & COFFEE
LA CIPOLLA

窄

$50m^2$的空间还要留一多半给到烘焙厨房，剩下的自然就很窄。

窄，自前而窥后，谓之深远。

唯一的自然光来自后区的长窗，它朝向苏州老城中的一条无名小河。我们并不希望光和水面被直白地看到。阳光板是一扇屏风，遮掩了全部朝向小河的视线。你只有通过水面反射而来的光线，才能想象外面的环境，但也无从得知它的尺度，可能是河、湖，或是海。在屏风和实墙间，留下了一条窄窄的缝，窗外，又是一条窄窄的绿水。

光

窄窄的通道中，光是最好的指引。它们穿过缝隙，透过材料，经过反射，跳跃到你的面前。通道既窄且长，但因为这份期待，也变得有趣起来。

一处隐藏的惊喜，是通道尽头角落里的小洞穴。在琥珀色的灯光中，你可以整个人蜷缩进去，把自己打开。我们特意选择了暖黄色的西班牙黏土，配合柔软的曲线，好像缩进了一个大面包里。

起名字很有趣。

在建筑师的描述中，入口是一块岩石，光从它的缝隙中切入室内。开放后很多路人给它起名字，叫的最多的是“贝果”，店里很畅销的一款面包。在晴朗的日子，树叶的光影投射在“岩石”上，就又是另外一番光景。

名字大多是一种期待。我们决定以后还是叫它“贝果”好了，除了建筑师，应该很少人喜欢冷冰冰的岩石吧。

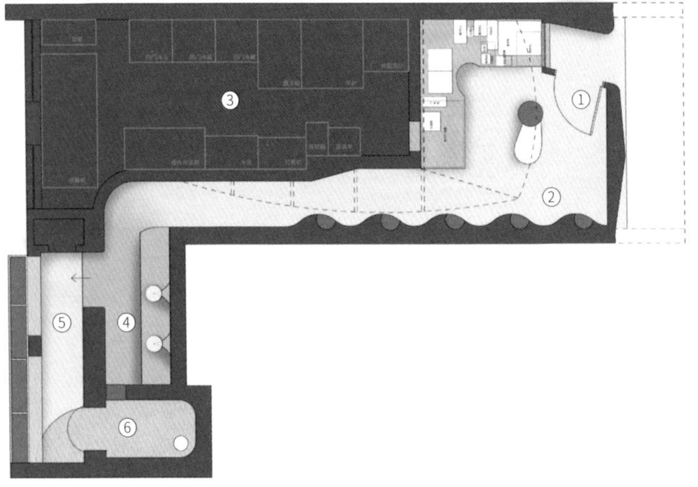

① 入口　Entrance
② 吧台　Bar Counter
③ 烘焙间　Baking Room
④ 座位　Seat
⑤ 沿河区　Riverside
⑥ 小洞穴　Little Cave

LA CIPOLLA
面包店

设计团队　夏慕蓉、李智、虞芡、郑琴
项目面积　50m²
摄影团队　WDi

FORKING

PATHS

小径分岔的花园

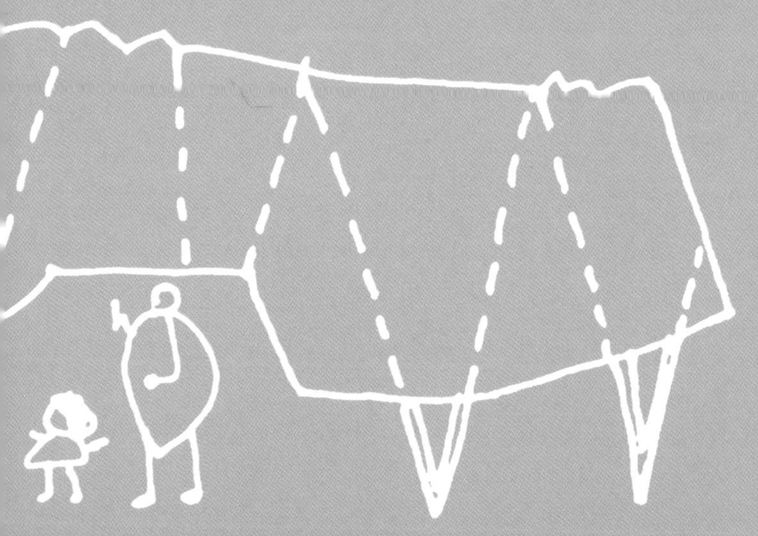

2021.5

小径分岔的花园

一个日常的大房子

Mur Mur Lab成立五年，一直自诩是一个建筑工作室。但直到这个项目，才是我们建成的第一个房子。几年前，我无比希望造个房子，来实现自己建筑师的身份认同。现在已经没有这些执念了。造房子和建筑学其实没什么关系，那种端着身子，咬着牙的建筑学和我也没什么关系了。更让人沮丧的是，"当今，我们可能已经找不到一个促使建筑学继续前行的确凿使命了"。

总有人问我，为什么转去做室内？这能有什么为什么呢，总得先活下来吧。深想一下，建筑和室内虽尺度有异，难度不同，但它们有没有“道德”上的高下之分呢？在我们这里肯定是没有的。我们在意的不是结构的真实，也不是建造的真实，甚至不是这个空间存不存在的真实，而一定是体验的真实。

人们不靠建筑学改变世界。我们的工作致力于让建筑学回归日常，走向大众。

李智

——《建筑学的小路》

"时间永远分岔，

通向无数的未来。"

——博尔赫斯

建筑场地在扬州市西的一条小河边，沿着河，向北300m就是明月湖。它原来属于京华城游乐场，项目竣工时，最后一座摩天轮也已经被拆除了。和国内大部分城市用地一样，虽然承载了丰富的记忆，但现状已是一片空白。在这片空白之上，会竖立起一组新的建筑，作为扬州万科和本地咖啡品牌COIN CAFE合作的第一间展厅。

“城市象征”是我们提出的，平行于“自然叙事”的另一条设计线索。

它来源于一个问题，城市中的那些日常功能，能否具有超越日常的精神性？“城市象征”就是我们回答的方法。一少部分空间类型，以其经久的形式，天然具有特殊的共情能力和纪念性质，比如剧场、教堂、阳台、大台阶等特殊的类型在城市中仅是少数，大部分还是与我们每日平常相关的餐厅、咖啡店、健身房、小商店等“象征”让这两者联系起来。从语义上看，“剧场”不再是一个名词，而是转化成一个形容词:“像剧场一样的”，再将其赋予那些日常的功能:“像剧场一样的咖啡厅”。以此，回到日常的体验之中，咖啡厅也就具有了某些超越日常的精神属性。以具体的形式表现抽象的意义，归根结底，这仍是一种类比的设计方法。

对这个项目，我们叫它“城市客厅”。

“客厅”是一种体验上的象征，Living Room，是日常生活展开的场所。

建筑物白天主要作为咖啡馆运营，不间断地有各类展览和活动，晚上是一间小酒馆。迎来送往，不同人将在这里相遇。我们希望它兼具慷慨的城市公共性，和亲切近人的空间尺度。我们期待这里成为一处具有居住品质的公共空间。

多义的场所要求灵活的建筑布局。不同功能区域有各自独立的体积，若即若离地并置在一起。它们之间的缝隙，就是光照进来的地方。

各自独立的体积被罩在一层漂浮的轻纱之下。向内看，草地延伸到建筑里；向外看，周边有些杂乱的城市环境被隔开，低头，又是一片绿意。

当艰难的建筑学思考都退到后面，它只是一个日常的大房子。

就像朋友看到的：“你们做了一个穿裙子的建筑。”

小径分岔

“时间永远分岔，通向无数的未来。”

在博尔赫斯笔下，时间是一张扑朔迷离的网，交织盘桓。时间的复杂性依赖于一个自由的、未定的空间。

在平面图上看，小径在南侧入口处即分成左右两条，进入两个差异的房间。左侧的大房间均质而平坦，混凝土柱子被特意设置成朝向不同角度，模糊了空间的方向和秩序。右侧的长房间窄长且高耸，光线会从四周漫射地进入室内，随机的圆形天窗总是在午后投下点点光斑。

建筑呈现一个不设限的漫步状态。

人们可以自在地在其中游荡。除去南面的主入口、西面沿河的小房子以及北面的两扇小门，都是一条进入建筑物的小路。一个螺旋楼梯，又能把你带到屋顶。可居可游，最终这是一个自由的建筑。

业主选择了一组很有雕塑感的桌椅。以干净的暖白为底，像一幅静物画。

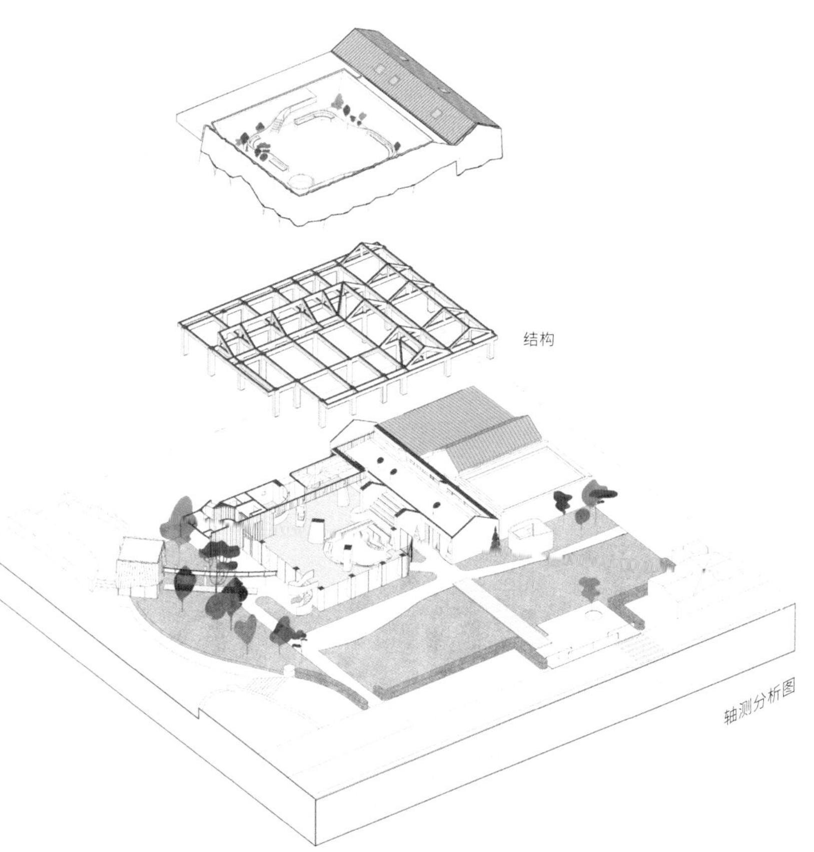

轴测分析图

vanke

vanke

“城市客厅在未来，
应该要成为
地产行业的标配。”

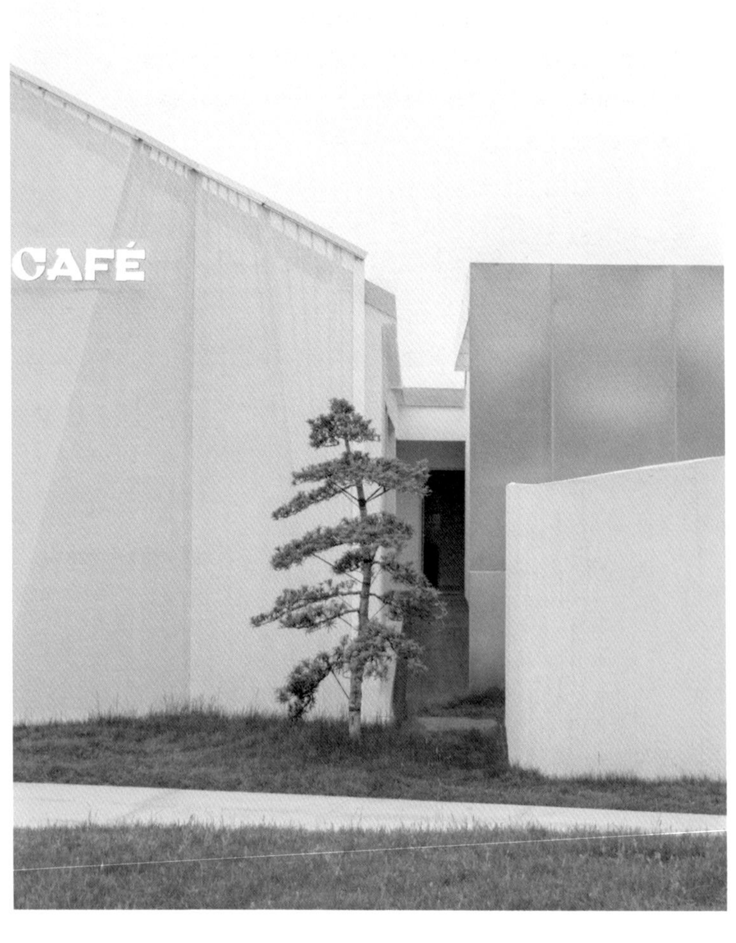
CAFÉ

一些日常

设计也不总是能控制。比如这颗松树，业主买来默默地种在这里，竟然意外的和谐。每日平常，怎么可能总是绷着，也要放松一点。最近听到一句话，不知道是哪位老师说的，他说自己最理想的设计状态是："有建筑学的立场，但不以建筑学的原则来盖房子。"

我们是还没能看到这个境界。

从屋顶上再晃荡下来，又是几条分岔的小路。有的绕回入口，有的通向河边，再沿着小路往北走一点，就是明月湖的开阔水面。

我们一直说，Mur Mur Lab的工作致力于让建筑学回归日常，走向大众。但这个"大众"是谁呢？就是来喝杯咖啡的情侣，来拍几张照片的网红，周末带孩子来看个展览的妈妈，就是我们日日常见的身边人。

建筑学也应为他们而存在。

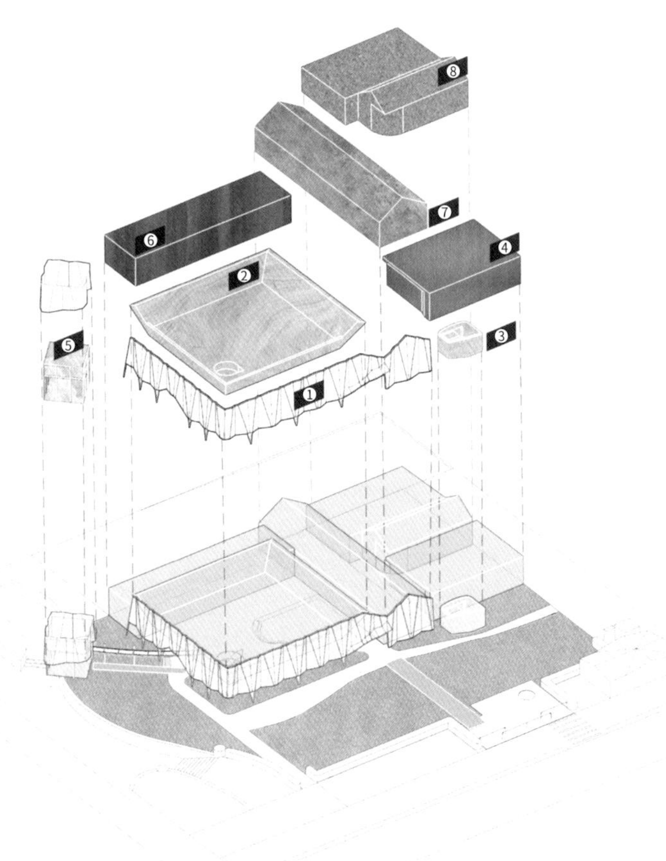

① 预应力膜　Prestressed Membrane
② 斜屋面　Sloping Roof
③ 混凝土盒子　Concrete Box
④ 金属盒子　Metal Box
⑤ 河边小屋　Room
⑥ 功能性盒子　Functional Box
⑦ 咖啡盒子　Coffee Box
⑧ 后厨　Kitchen

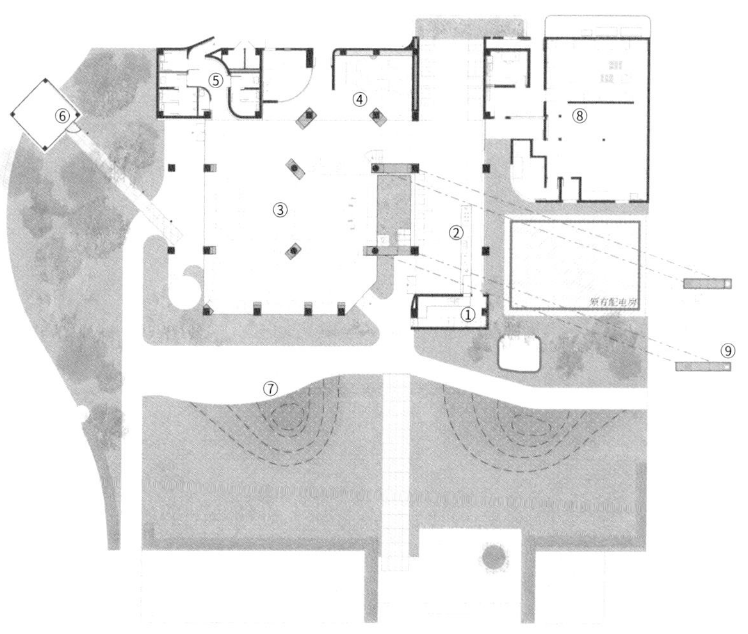

① 咖啡准备间 Coffee Preparation Room
② 咖啡区域 Coffee Area
③ 多功能展厅 Multipurpose hall
④ 沙发区域 Sofa Area
⑤ 卫生间 Toilet
⑥ 包间 Private Room
⑦ 外摆区域 Outdoor Area
⑧ 后厨 Kitchen
⑨ 夹层 Mezzanine

扬州万科城市客厅 × COIN CAFE

主持设计	李智、夏慕蓉
主要设计团队	姜泽军、郑琴、侯雨彤、胡娅、杨育杭
特别顾问	孙辰
幕墙顾问	上海力扬幕墙设计（高雨山、陈鑫阳）
照明顾问	KXL 可行光造设计（康佑嘉、熊文昊）
景观顾问	张鹏飞、徐硕
项目面积	1050m²
摄影	WDi

MAGIC

BOX 魔盒

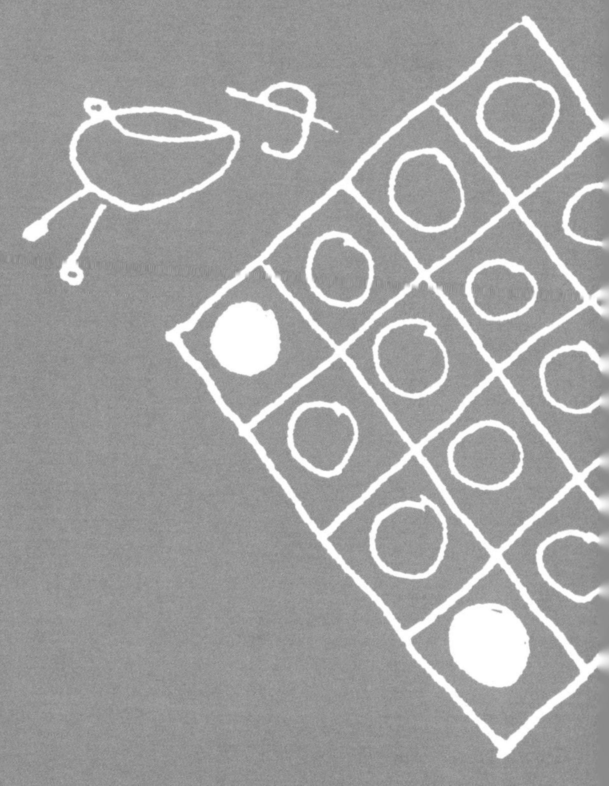

2019，初春

想法说出的刹那，它就已经死了，但并不妨碍它以一种更诗意的方式存活。

2019年的设计上海|新天地设计节以“相遇”为主题，邀请我们实现一个城市中的艺术装置。

LOOK

日常

人头攒动的上海新天地，相遇是一件再平常不过的事。

日常之外，新的艺术装置能否激活旧的场所，创造新的可能？事实上，相遇并没有一定的开始，也没有一定的结束。如同我们自己的生活，即使琐琐碎碎，点点滴滴，仔细看去，也都应该耐人寻味。

魔幻

感受是绝对正确的，它不能归纳，不能分析，只能描述。回到直觉，从一个简单的立方体开始，我们把透明的亚克力盒子贴上镜面膜，再藏入彩色气球和灯管，它就拥有了日和夜两种表情。

白天它是一面镜子，带你认识自己。当日光渐暗，灯光亮起，坚实的体积逐渐消解在一片五彩斑斓之中。你是否会惊叹？如果只看到皮囊，我们又能否遇见内心那个真实的自己？

天真

每个成人都曾是孩子，每个孩子都天真，艺术是那个捕手。

我们从未预设过什么，因为设计本身就足够激动人心的了。这份真诚成为每个观众和我们之间的纽带，这场相遇，将是一次意义非凡的心灵奇旅。

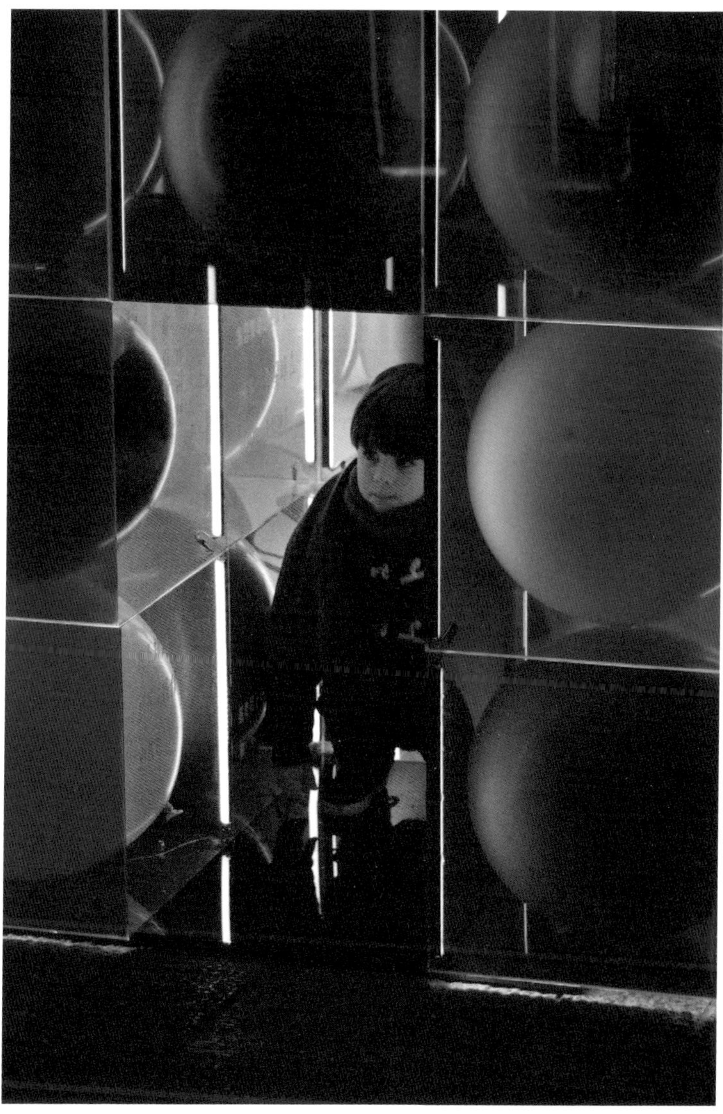

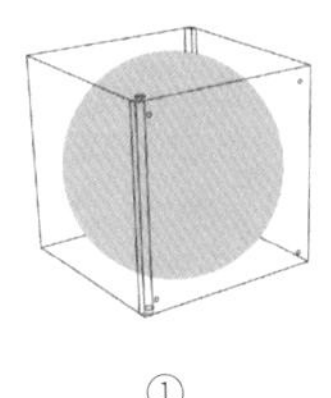

①

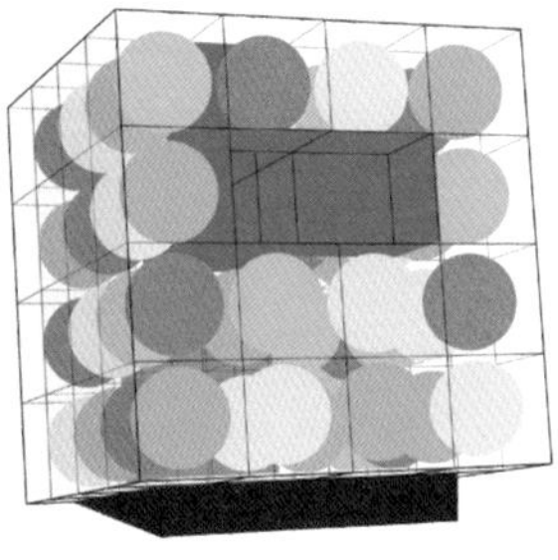

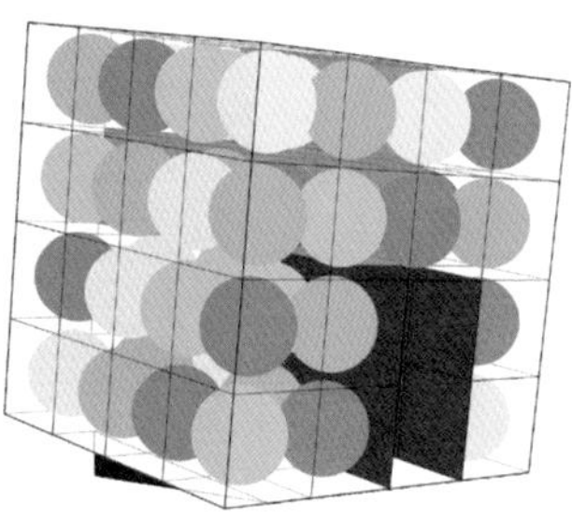

②

① 单元　Unit
② 54 个单元组成的体量　54 Units The Cuber

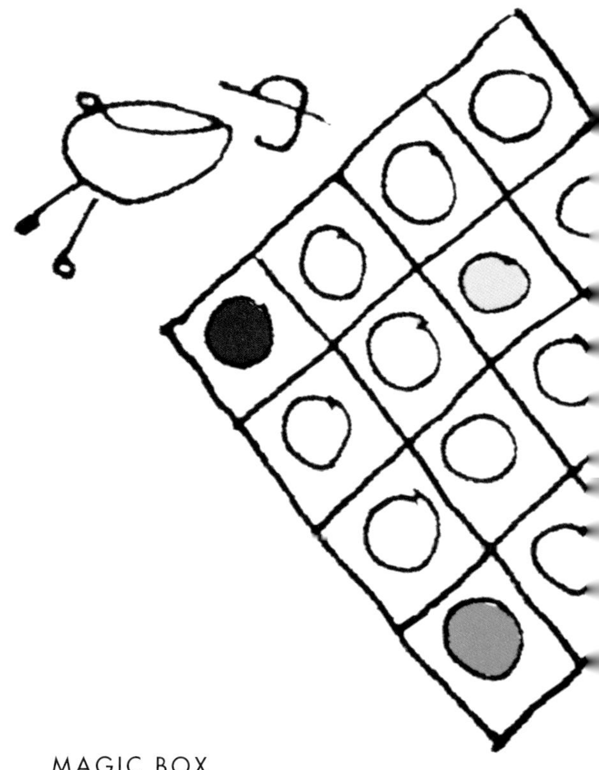

MAGIC BOX
魔盒

设计团队　李智、夏慕蓉、高含之、杨玫
项目面积　2.5m²
摄影团队　WDi、含之

A NEW M

OON 一轮弯弯的月

2021.1

这是工作室成立后的第一个项目。

它确立了五年来，"走向自然叙事的空间"这个贯穿始终的主题。除此之外，对这个很久之前的设计，我可能没有再多想说的了。

反而是当时遇到的那些人和事，仍记忆犹新。投标时，还没有固定的办公场地，我和慕蓉就窝在咖啡馆工作，幸亏遇到孙小辰和席宇不计回报的帮助，才及时完成。中标后，没有合作的搭建方，预算有限，到处托人打听，最后在淘宝上勉强找了一个。施工中，没有经验，被搭建方欺负，我就白天晚上都盯在现场，太冷了，就躲到商场的楼梯间里歇一会。后来王凯过来帮我，我们轮班，就住在工地旁边的快捷酒店。好话说尽，搭建方还是做到一半跑路了，慕蓉怀着弯弯到现场和他们吵架，最后还得麻烦业主救场。本以为竣工后好日子就来了，哪里知道施工质量有问题，地台积水总是把设备烧坏。我和王凯就买了台抽水机，下雨天商场歇业后准时过去抽水，一抽就到后半夜。后来春节离开上海的那几天，我每天盯着天气预报，就怕下雨。当这个临时装置被拆除的那天，所有人都如释重负。

这些都是真实的。那些诗意和日常也是真实的，建筑学也是真实的。所有这些真实都被生活并置在一起，毫不矛盾。

这是工作室成立后的第一个项目，在这之后，我们就再也没有害怕过。

李智

——《真实的我们》

MOON
生命
用心

MOON

UNI

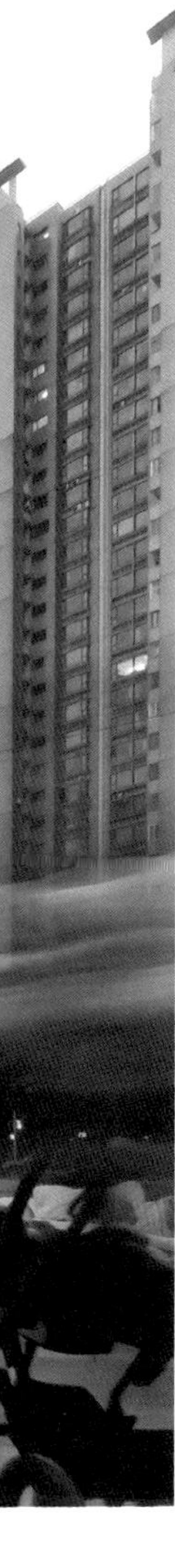

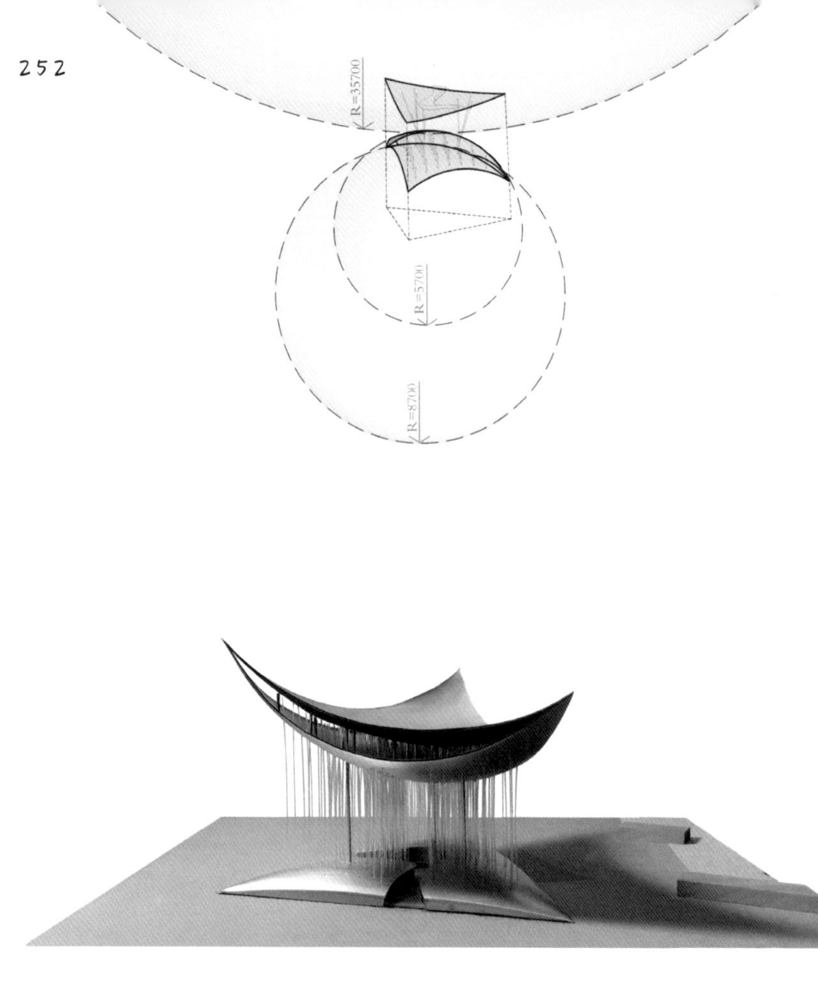
R=35700
R=5700
R=8700

NEW MOON
魔都新月

设计团队　夏慕蓉、李智、王凯
结构顾问　于军峰
照明顾问　J Studio 景照明
项目面积　35m²
摄影团队　Hozwee，CreatAR Images

图书在版编目（CIP）数据

未来商店 = THE FUTURE STORE / 夏慕蓉，李智著
. -- 北京：中国建筑工业出版社，2020.12（2022.11重印）
ISBN 978-7-112-25510-8

Ⅰ. ①未… Ⅱ. ①夏… ②李… Ⅲ. ①商店—室内装饰设计 Ⅳ. ①TU247.2

中国版本图书馆CIP数据核字(2020)第185436号

责任编辑：徐明怡
装帧设计：七月合作社
责任校对：王烨

未来商店
THE FUTURE STORE
夏慕蓉 李智 著
*
中国建筑工业出版社出版、发行（北京海淀三里河路9号）
各地新华书店、建筑书店经销
北京富诚彩色印刷有限公司印刷
*
开本：787毫米×1092毫米 1/32 印张：$8^1/_8$ 字数：176千字
2022年1月第一版 2022年11月第二次印刷
定价：98.00元
ISBN 978-7-112-25510-8
（36515）